我们必须征服宇宙

中国航天基金会 CHINA SPACE FOUNDATION 本项目由中国航天基金会支持

中国航天奠基人 钱学森的人生传奇

U0177413

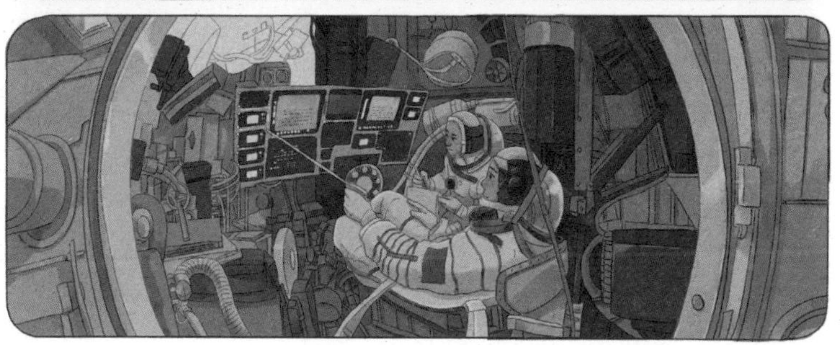

问鼎九天

钱永刚/主编
顾吉环 邢海鹰/编著
上尚印象/绘

電子工業出版社
Publishing House of Electronics Industry
北京·BEIJING

“你在一个晴朗的夏夜，

望着繁密的闪闪群星，

有一种可望而不可及的失望吧！

我们真的如此可怜吗？

不，绝不！

我们必须征服宇宙！”

1947年，不到36岁的钱学森被破格晋升为麻省理工学院的终身教授，受学院邀请作了题为《飞向太空》的演讲。
女士们、先生们，想去月球旅行吗？我可以卖给你们一张去月球的机票，人类将在30年内登上月球。
啊！
啊！
真的吗？钱教授不会是大脑发热吧？！

1961年4月12日，苏联发射了世界上第一艘载人飞船——东方号，苏联宇航员加加林少校成为世界上第一位进入太空的人。

1962年2月，美国不甘落后，同样成功实现了载人太空飞行。

1969年7月16日，美国阿波罗11号飞船载着3名航天员登上月球。
这是我个人迈出的一小步，但却是人类迈出的一大步。
美国宇航员阿姆斯特朗。

真了不起！那我们国家什么时候有自己的宇宙飞船呢？
很想知道？听我慢慢给你讲。

1961年4月16日，也就是加加林进入太空的第四天，钱学森发表了题为《宇宙飞行的新纪元》的文章，字里行间透露着他对载人航天美好未来的无限憧憬。

今天苏联及美国星际航行火箭动力及其展望
1961年6月3日，第一次星际航行座谈会在中国科学院举行。钱学森对星际航行等问题做了全面深刻的阐述。

星际航行概论
钱学森于1961年在中国科技大学开设了“星际航行概论”课程。

星际航行座谈会一共举办了12次，钱学森每次都参加，并和大家一起深入讨论。
我们要先把载人航天的锣鼓敲起来！

太好了，有钱副部长的支持，我们一定抓紧干！

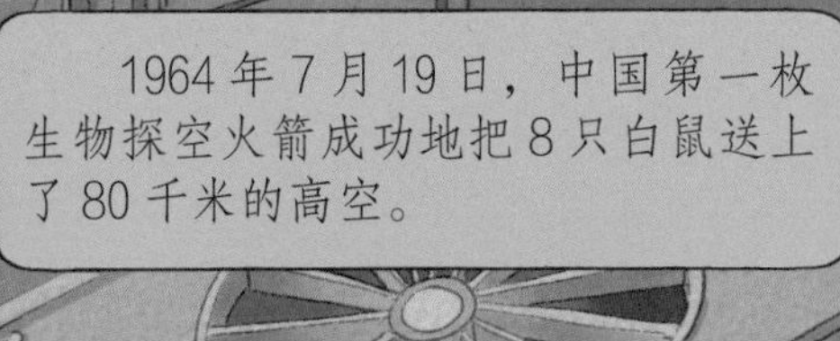
1964年7月19日，中国第一枚生物探空火箭成功地把8只白鼠送上了80千米的高空。

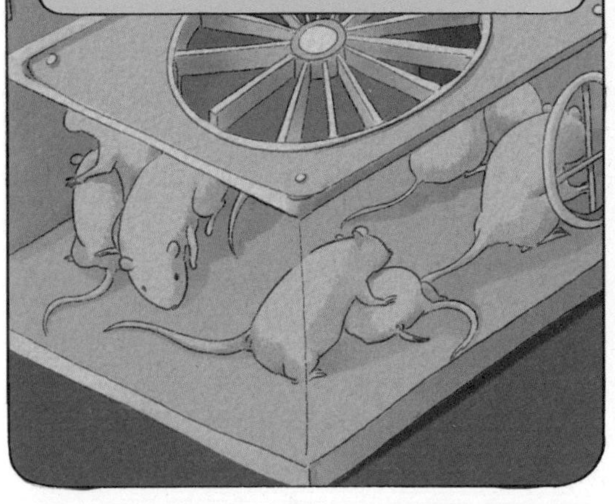

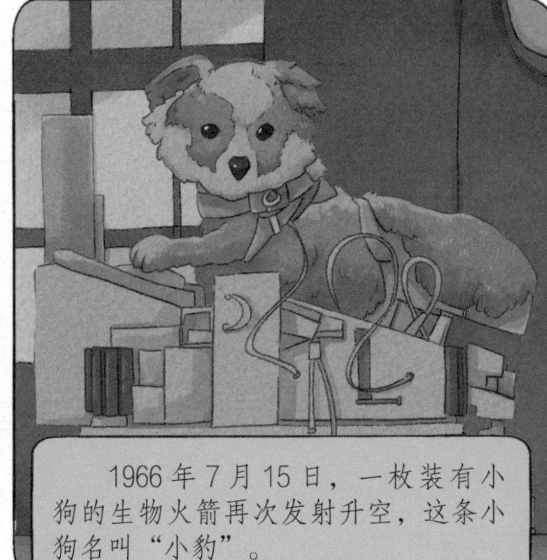
1966年7月15日，一枚装有小狗的生物火箭再次发射升空，这条小狗名叫“小豹”。

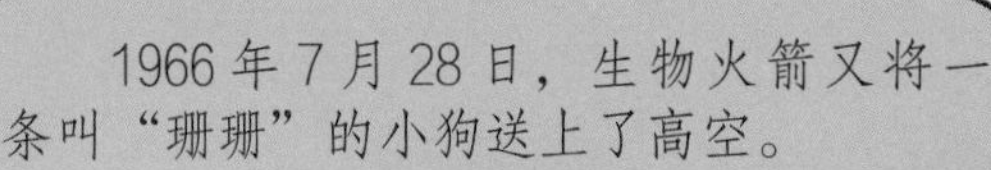
1966年7月28日，生物火箭又将一条叫“珊珊”的小狗送上了高空。

珊珊，我们又成功了！
哈哈……

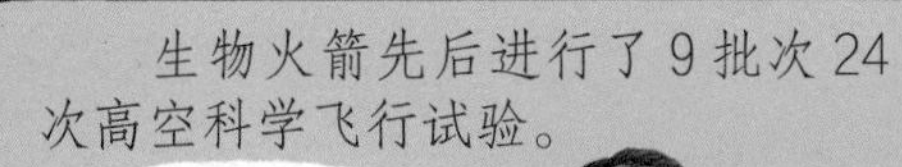
生物火箭先后进行了9批次24次高空科学飞行试验。

这些飞行试验让我们获得了大量高空大气风向和风速资料。

1966年3月，钱学森组织召开了“中国载人航天以及研制宇宙飞船的发展规划”讨论会。周恩来总理听取了规划方案汇报。
开展卫星研制的同时，把宇宙飞船研制工作也一并开展起来吧！
好的，周总理。

1967年7月，中国科学院和第七机械工业部开展“中国发展载人航天的途径和步骤”专题会议，随后科学家们开始具体论证宇宙飞船的方案。
经讨论，第一艘飞船运载2名航天员最合适。

中央专委办公室给我们飞船起了个漂亮名字——曙光号，我们终于名正言顺了。

中国第一艘载人飞船总体方案设想论证会
1968年1月8日，以钱学森为负责人的空间技术研究院筹备处首次召开会议，对第一艘载人飞船方案进行论证。

1968年2月20日，中国人民解放军第五研究院（后更名为中国空间技术研究院）成立，钱学森兼任院长。
在钱院长的领导下，我们的载人航天事业一定会取得进步。

我们的任务艰巨，首先是研制和发射人造地球卫星，然后再研制、发射载人飞船。

第五〇七研究所命名大会
1968 年 4 月 1 日，在钱学森的建议和主持下，成立了宇宙医学及工程研究所（507 研究所），从事空间医学科学研究，并负责航天员的选拔、培养和训练工作。

在钱学森领导下，研究院对载人飞船总体方案进行预先研究，并把第一艘飞船命名为“曙光一号”。

1970 年 4 月 24 日，随着第一颗人造卫星的成功发射，新中国“两弹一星”航天事业取得了显著进步。

人民日报
我们也要搞人造卫星
毛主席提出“我们也要搞人造卫星”的伟大号召实现了！
我国第一颗人造地球卫星发射成功
人民日报第一时间发表了关于第一颗人造地球卫星东方红一号发射成功的报道。

1970年7月14日，毛泽东主席阅读了发展载人飞船的报告。

中央下达命令：即刻着手载人飞船的研制工作，并开始选拔及训练航天员。

钱学森得到上级通知后，激动地向科研人员传达毛主席的指示。

我们得到了毛主席的肯定！
一定要好好干才行啊！
真是太好了……
毛主席命令我们即刻着手准备开展载人飞船研制工作！

秘密代号为“714工程”的中国载人航天工程全面启动。

这项工程至关重要，容不得一点儿疏忽……
钱院长，我明白。

我建议每周进行一次学术交流，你们觉得怎么样？

确有这个必要加强学习交流。
经过交流，大家共同进步。

全国有十几个省市的一千多个科研单位参加了研制曙光一号飞船的相关工作。

1970年4月，北京工程兵招待所里，迎来了来自全国各有关部门的领导和专家200多人，他们要共同讨论和落实曙光一号载人飞船总体方案。

东方红一号上天了，下一个台阶就是返回式卫星和曙光一号飞船。东风六号环球火箭方案论证和载人飞船安全返回有了技术路径。
钱学森从第一颗卫星发射现场酒泉卫星发射中心赶到北京参加会议。

曙光一号飞船方案论证会。

1970年11月，国防科委和七机部在北京京西宾馆再次召开曙光一号飞船方案论证会。会议一致通过曙光一号飞船由2名航天员驾驶，最长飞行8天，运载工具采用东风六号环球火箭……

我们承担的都是中央专委、国务院确定批准的任务，我们一定要抓紧落实，认真做好，给国家一个好的交代。

400多名专家、学者出席了此次会议。

正当曙光一号的各项工作井然有序地进行时，由于林彪坠机事件发生，再加上国家政治、经济等因素的影响，毛主席、周恩来决定暂停曙光一号项目。

1980年5月18日至21日，中国向太平洋海域发射东风五号洲际导弹圆满成功。

1982年10月，中国首次成功进行了潜艇水下发射导弹的飞行试验。

1984年4月，长征三号运载火箭把中国第一颗试验通信卫星送入地球同步转移轨道。

这三次有代表性的成果，表明中国空间技术取得了巨大进步，为中国进行载人航天储备了技术。
是时候了。

什么是时候了？

不明白？当然是指中国的载人飞船研制工作是时候启动啦！

为什么？

具备启动条件啦！过去，虽然曙光一号的项目被叫停，但钱爷爷一直在为载人航天项目做着技术储备和人才储备。

我还是不太明白。

不急，让我慢慢讲给你听。

我们这个小组很重要，主要任务是预先研究液氢液氧火箭发动机。
1960 年，钱学森安排国防部第五研究院（简称“五院”）成立了液氢液氧火箭发动机研究小组。

1964 年，出于各种原因，五院不得不精减一些项目。
不管怎么样，液氢液氧火箭发动机研究小组绝对不能减掉。

这个……

液氢液氧火箭发动机的火箭最适合发射高轨道的卫星，我们现在没有卫星项目不代表以后不会有，如果等有了卫星再来研究就晚了！

事实证明，钱学森是有前瞻性的，装备了液氢液氧火箭发动机的长征三号火箭，为东方红二号同步通信卫星的成功发射创造了重要条件。

钱爷爷太有远见了，看问题总是看得那么远，不然以后可就麻烦了！

可不是嘛，正是有了钱爷爷的长计远虑，后来的研究工作才比较顺利。这样的例子还有很多，钱爷爷是一位高瞻远瞩的战略科学家。

还有很多故事啊？那你再给我说说吧。

你还记得刚刚故事里的507所吗？
记得！就是那个研究空间医学的研究所。

当时507所差点儿被撤掉，是钱爷爷执意留下来的。

随着曙光一号项目的暂停，507研究所一下失去了中心任务。
接下来我们做什么呢？

我也不知道，我们不会被撤掉吧？

飞船项目暂时不搞了，但研究工作不能停下来。

飞船项目都不进行了，我们为什么还要继续研究呢？

现在国家只是暂停了这个项目，但想要发展航天，飞船项目是必不可缺的，只是早晚的问题。

在钱学森的坚持下，上级机关决定保留507研究所。
现在如果把507所撤了，以后再想组织起来就难了，这个单位对载人飞船项目非常重要。

还好有钱爷爷的坚持，507所没被撤掉。我感觉钱爷爷很有担当精神呢！

是啊，不敢负责，没有担当，同样做不好工作。507所如果被撤掉，我们的载人飞船不知道要晚多少年才能飞向太空。

那时，没有钱爷爷还真不行呢！

是的，这说明战略科学家是多么重要啊！

后来的载人飞船项目，钱爷爷一定发挥了重要作用吧！

当然，这事还要从 1986 年说起……

1986 年 3 月，王大珩、王淦昌、杨嘉墀和陈芳允 4 位著名科学家，向国家提出跟踪世界先进水平，发展中国高技术的建议，经邓小平批准实施，简称“863 计划”。

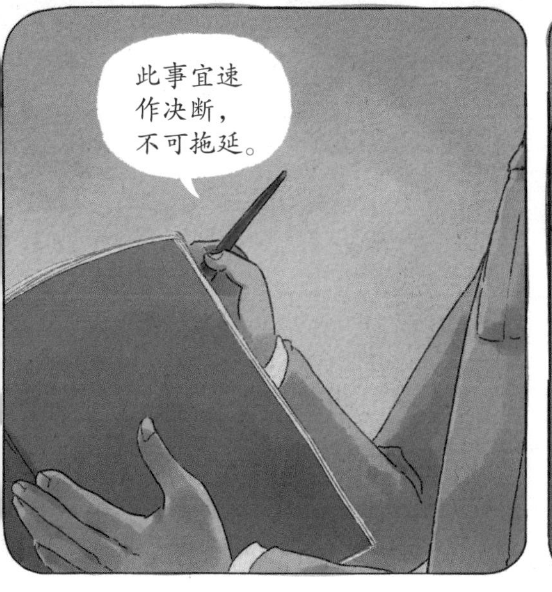
此事宜速作决断，不可拖延。

在讨论国家高技术研究发展计划（863 计划）的过程中，载人航天工程又重新被提了出来，并被列为国家重点发展项目。

关于大型运载火箭及天地往返运输系统的概念研究和可行性论证
1987 年 4 月，“863 计划”载人航天专家委员会对国内外载人航天情况进行了多次调研，并举行了内部讨论会。计划采取招标方式，选择有优势的单位各自论证。

我认为我们可以研制发展空天飞机。

中国的火箭技术已经成熟，我认为可以研制发展火箭飞机。

我认为我们可以研制发展带主动力的航天飞机或小型航天飞机。

还有没有别的意见呢？大家可以畅所欲言。

之前我们搞过载人飞船项目，我觉得可以依靠载人飞船项目研制发展多用途飞船。

目前我们有 5 种方案，4 个方案都是关于航天飞机的，只有一个是飞船的。

发展航天飞机可以让中国的航天技术水平在国际上更进一步。

航天飞机涉及航空技术和航天技术，你们有没有想过难度有多大？

是这么个道理，我们研制大型飞机都有难度，更别说航天飞机了。

飞船技术相对比较成熟，难度小且经费低，所以飞船才是最适合的。

可飞船在美国和苏联已经搞了20多年了，我们再开始研制未免显得太落后了。

大家的建议都有道理，我们还需多方论证，过段时间进行综合比较后再做决定。

1988 年 7 月，以航天、航空、空间科学技术领域为主的 17 位著名专家齐聚哈尔滨，对这 5 种方案进行综合比较。“船派”方案和“机派”方案进行了激烈的争论。

评审专家一致认为空天飞机、火箭飞机虽是未来天地往返运输系统可能的发展方向，但中国目前还不具备条件，不宜作为21世纪初的跟踪目标。带主动力的航天飞机要解决的问题难度也比较大。可供进一步研究比较的是多用途飞船方案和不带主动力的小型航天飞机方案。两方案得分相近，竞争激烈。

1989年7月，专家组又经过多轮调研讨论，完成了《大型运载火箭及天地往返运输系统可行性及概念研究综合报告》，上报国家航天领导小组。
《国家航天办简报》上写着：关于航天飞机方案优于航天飞船的理由：1.载人飞船作为天地往返运输手段已经处于衰退阶段，我国如采用此方案，起点过低；2.航天飞机代表世界发展潮流，具有明显的技术、经济优势，更适合我国国情……

技术研究组的同志已经将分析发表在简报上了，我们据此给中央写报告吧。

我们应该去征询一下钱老的意见，他虽退居二线，但他很有战略眼光，请他看看报告，帮我们把把关。

这个意见好，钱老是我们的“航天奠基人”啊，也是早期载人航天项目的积极推动者，他的意见尤为重要。

那我们赶紧去请教钱老吧。

钱学森认真地看着报告。

应将飞船方案也报中央

载人航天的事要跟国家经济、政治结合在一起考虑。

1992年1月8日，中央专委召开会议专门研究发展载人航天问题，钱学森的意见得到了高度重视。
从政治、经济、科技、军事等诸多方面考虑，立即发展中国载人航天是必要的，但是发展载人航天，要从载人飞船起步。

中央专委决定进一步对载人航天工程研制问题进行技术、经济可行性论证，工程代号为“921”。

1992 年 9 月 21 日，中央政治局常委会第 195 次会议讨论同意了中央专委《关于开展中国载人飞船工程研制的请示》，中国载人航天的历史翻开了新篇章。
中国载人航天

“921”载人航天工程立项后，要尽快确定工程总设计师人选，这个人选非常重要。
钱老，您看由谁来挂帅比较好呢？

王永志吧，他综合能力强，头脑灵活，敢于创新，是很合适的人选。

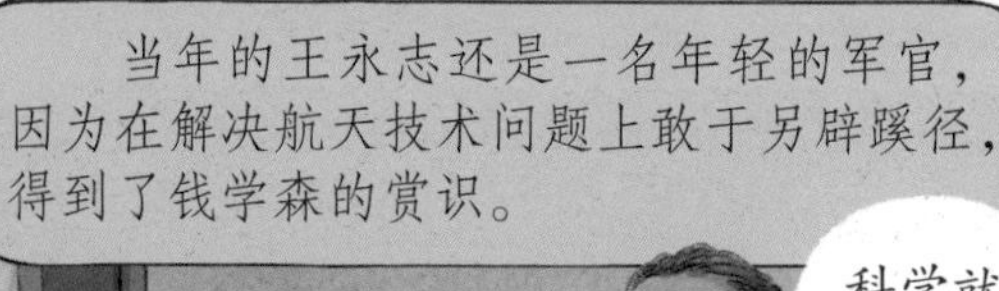
当年的王永志还是一名年轻的军官，因为在解决航天技术问题上敢于另辟蹊径，得到了钱学森的赏识。

科学就是要敢于突破和创新。

1992 年 11 月 15 日，中央军委正式任命王永志为中国载人航天工程总设计师，载人航天一期工程圆满完成的历史证明了这个选择的正确性和关键性。

就它了，但要创新，要超过它！
经过反复讨论和论证，王永志和科研人员确定要制造出和当时世界上最先进的俄罗斯联盟TM飞船水平相当的中国飞船。

联盟TM飞船由推进舱、返回舱和生活舱三部分组成。

飞船入轨以后，航天员可以解开身上的各种束缚带，到生活舱里自由活动。

这次请大家来是讨论飞船型号的方案。

两舱方案比较好，这是美、苏都将采用的方案。

两舱方案虽然是第三代飞船，但我觉得还是落后了一点，我们的目标应该是制造最先进的飞船。

对，我相信我们航天界有这个能力。

联盟TM飞船的生活舱、推进舱和返回舱会一起返回，但是在返回过程中，生活舱、推进舱先后与返回舱分离，在大气层被烧毁。

我们的航天技术不仅仅是为了追赶和他国40年差距的时间，更要向前跨进一大步。

虽然我们要向世界上最先进的飞船看齐，但是同时我们也要制造出有中国特色的中国飞船。
最终，三舱方案神舟飞船被通过。

生活舱可以设计成多功能的轨道舱，既可以做生活舱，也可以做实验用的科学舱……

这个想法很好，飞船返航时，可以让它继续在轨道上飞行半年，用以进行科学研究，这就是创新啊！

1999 年 11 月 20 日凌晨 6 点，中国第一艘无人试验飞船神舟一号，在中国酒泉卫星发射中心发射升空。

准备倒数计时开始……

5、4、3、2、1！点火！

长征二号 F 运载火箭喷出一团红色烈焰，托举着试验飞船，像一条巨型火龙，呼啸着向太空飞去。

1999年11月21日凌晨3点41分，神舟一号飞船顺利降落在内蒙古中部地区的着陆场，在太空中共飞行了21个小时。
成功了！
成功了！

神舟一号的成功发射说明中国在载人航天飞行技术上实现了重大突破，是中国航天史上的重要里程碑。

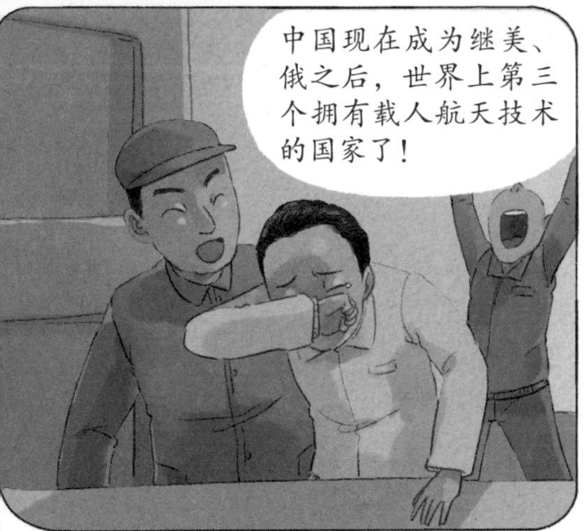
中国现在成为继美、俄之后，世界上第三个拥有载人航天技术的国家了！

王总师好样的，向他祝贺！
钱学森看到神舟一号发射成功的消息后十分激动。

神舟一号发射成功不久，迎来了钱学森88岁生日。

吃块蛋糕吧，
难得给你过次
生日，孩子们
都来了，希望
你健康！

祝您生日快乐！
身体健康！
生日快乐！
寿比南山！

这是王永志
总师送您的
生日礼物。

这个礼物好，
我喜欢，谢
谢他了！

我们国家的载人
航天事业一定会
有大发展！

2001 年 4 月，俄罗斯举行了加加林飞天 40 周年庆祝活动，王永志应邀参加。

下面有请中国飞船神舟一号负责人王永志先生为我们演讲。
米申院士（俄罗斯联盟号总设计师）。

很高兴能够参加今天的周年庆活动……

当时的中国飞船神舟一号被全世界所关注。
CHINA

2003年10月15日，神舟五号航天员杨利伟出征仪式在问天阁前举行。
问天阁

5、4、3、2、1！点火！

杨利伟坐在舱中，淡定自若。

神舟五号载人飞船喷射着火焰，急速升空，

稳稳地在太空中飞行。

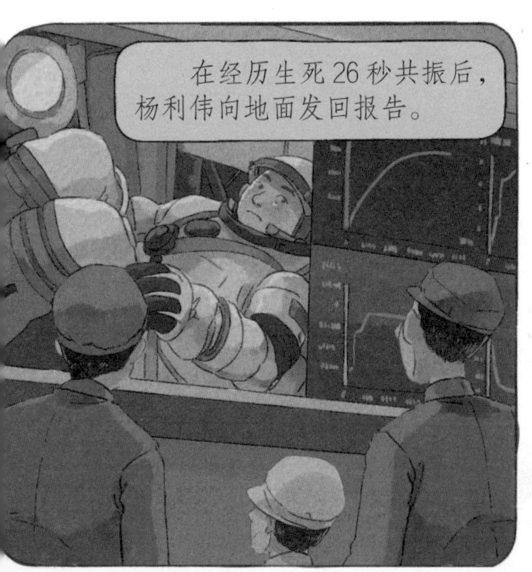
在经历生死26秒共振后，杨利伟向地面发回报告。

26

监控大厅里，科研人员激动得纷纷鼓掌，甚至有人感动地掉下了眼泪。

向世界人民问好！

为了人类的和平与进步，中国人来到太空了。

希望我们能够
和平利用太空，
造福全人类。

2003 年 10 月 16 日，神舟五号返回舱在内蒙古四子王旗成功着陆。

感觉怎么样？

我感觉非常良好，我们的飞船非常正常，我为祖国感到骄傲！

太棒了，我们中国人上天了！
您是大英雄！

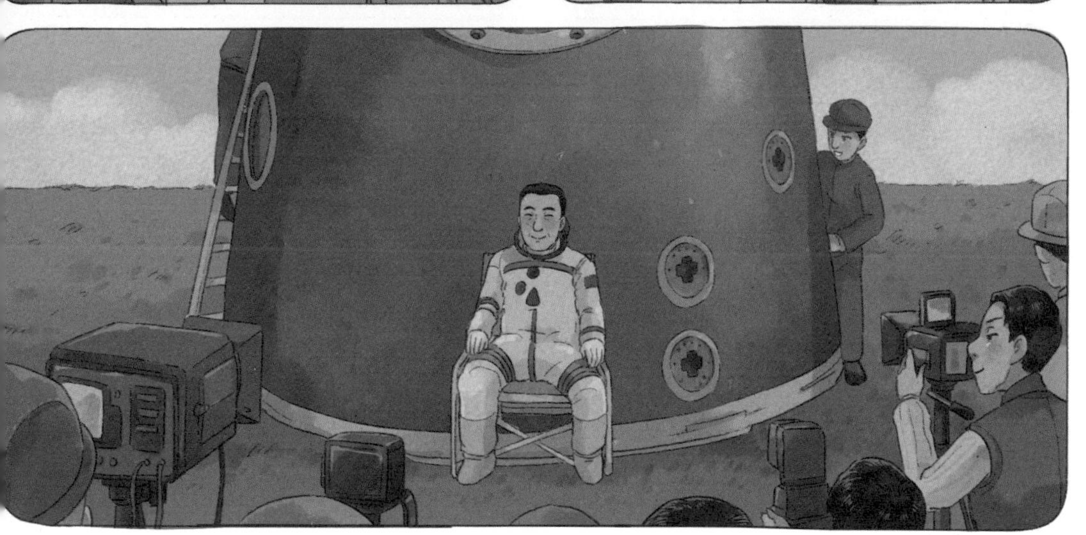

热烈祝贺神舟五号发射成功，向新一代航天人致敬！
此时，已 92 岁高龄的钱学森正半卧在床上，用颤抖的双手写下了一行字。

总装备部的领导和航天英雄杨利伟来看望您了。

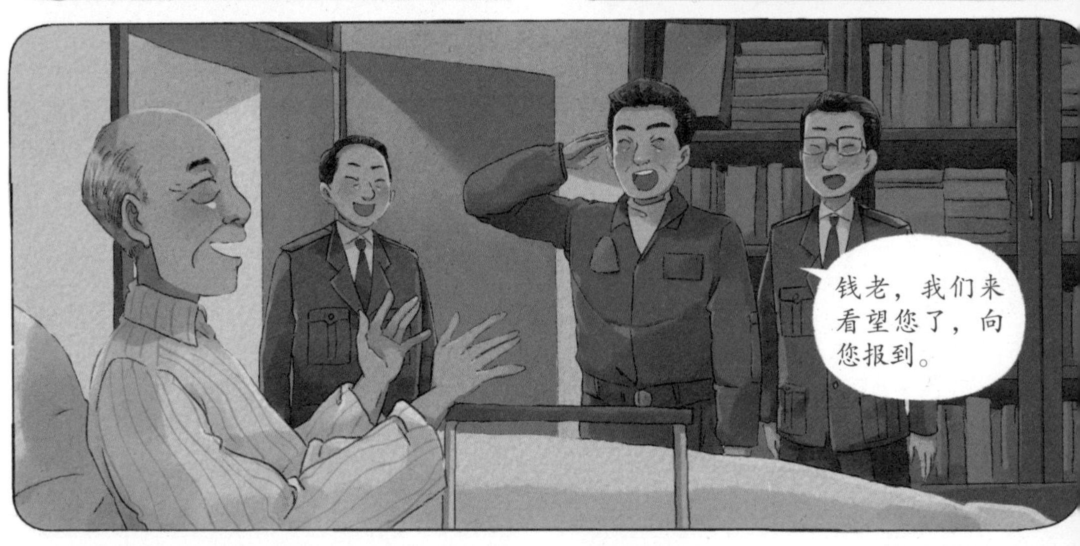
钱老，我们来看望您了，向您报到。

谢谢！

你们现在干成功的事情比我干的要复杂，所以说，你们已经超过我了！祝贺你们！

神舟二号
发射时间：2001 年 1 月 10 日发射，
1 月 16 日回收
发射地点：酒泉卫星发射中心
回收地点：内蒙古中部

神舟二号飞船是中国第一艘正样无人飞船，飞船技术状态与载人飞船基本一致。

神舟三号
发射时间：2002 年 3 月 25 日 22 时发射，4 月 1 日回收
发射地点：酒泉卫星发射中心
回收地点：内蒙古中部

这次发射试验，运载火箭、飞船和测控发射系统进一步完善，提高了载人航天的安全性和可靠性。

神舟四号
发射时间：2002 年 12 月 30 日零时发射，2003 年 1 月 5 日回收
发射地点：酒泉卫星发射中心
回收地点：内蒙古中部

神舟四号飞船，在充分继承前三艘无人飞船成熟技术的基础上，进一步提高了飞船的可靠性和安全性。

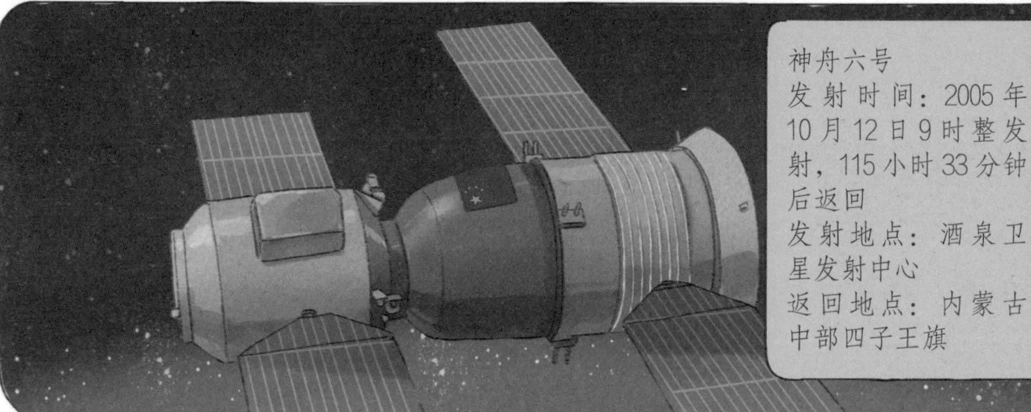
神舟六号
发射时间：2005 年 10 月 12 日 9 时整发射，115 小时 33 分钟后返回
发射地点：酒泉卫星发射中心
返回地点：内蒙古中部四子王旗

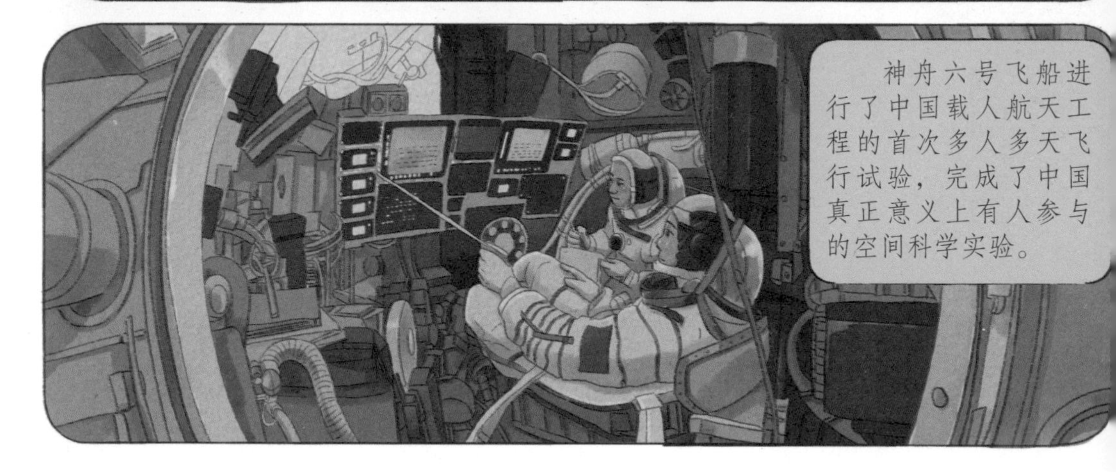
神舟六号飞船进行了中国载人航天工程的首次多人多天飞行试验，完成了中国真正意义上有人参与的空间科学实验。

神舟七号
发射时间：2008 年 9 月 25 日 21 时 10 分发射，9 月 28 日 17 时 37 分返回
发射地点：酒泉卫星发射中心
返回地点：内蒙古中部四子王旗主着陆区

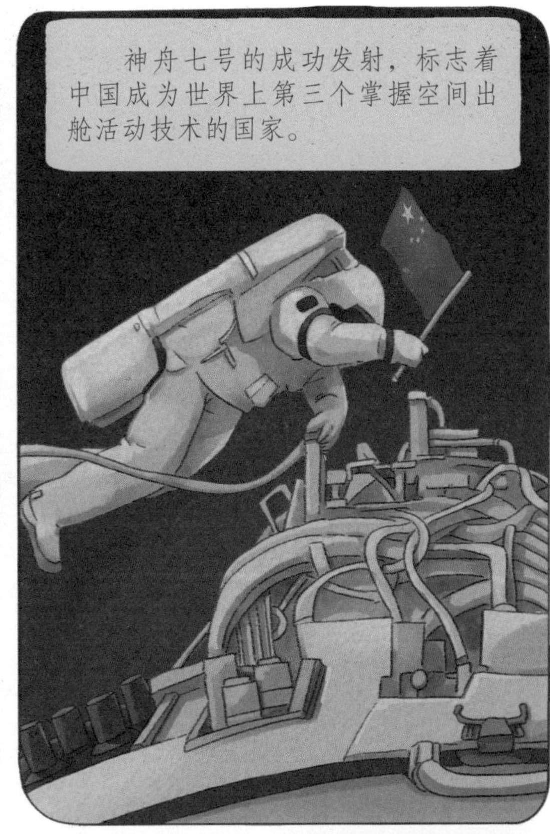
神舟七号的成功发射，标志着中国成为世界上第三个掌握空间出舱活动技术的国家。

神舟八号
发射时间：2011 年 11 月 1 日发射升空，2011 年 11 月 17 日返回
发射地点：酒泉卫星发射中心

神舟八号的成功发射及与天宫一号实现对接，标志着中国已经初步掌握空间交会对接能力，拥有建设简易空间实验室，即短期无人照料的空间站的能力。

神舟九号
发射时间：2012 年 6 月 16 日发射，2012 年 6 月 29 日返回
发射地点：酒泉卫星发射中心
返回地点：内蒙古四子王旗主着陆场

神舟九号的发射成功标志着中国成为世界上第三个完整掌握空间交会对接技术的国家。

神舟十号
发射时间：2013 年 6 月 11 日发射，2013 年 6 月 26 日返回
返回地点：内蒙古四子王旗境内阿木古郎草原

神舟十号发射并完成与天宫一号空间交会对接等任务后，中国载人航天第二步任务第一阶段将完美收官，全面进入空间实验室和空间站研制阶段。

神舟十一号
发射时间：2016 年 10 月 17 日发射升空，2016 年 11 月 18 日返回
返回地点：内蒙古四子王旗着陆场

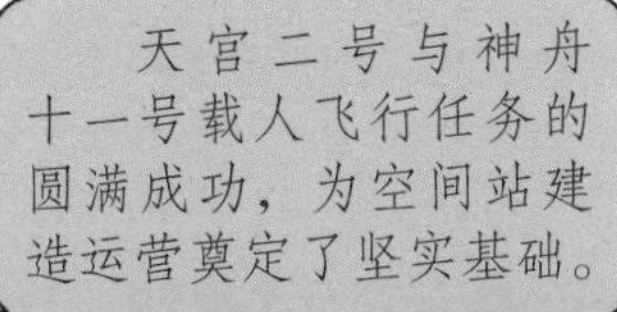
天宫二号与神舟十一号载人飞行任务的圆满成功，为空间站建造运营奠定了坚实基础。

神舟十二号飞船
发射时间：2021 年 6 月 17 日发射升空，9 月 17 日安全降落
发射地点：酒泉卫星发射中心
返回地点：东风着陆场

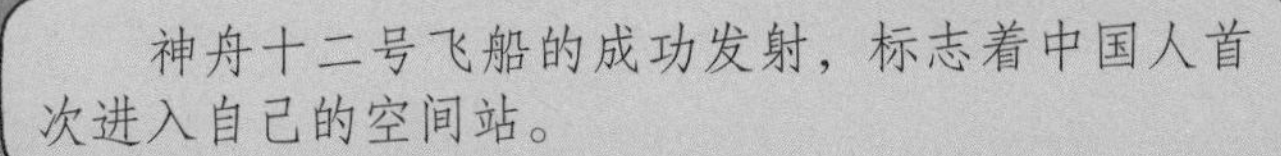
神舟十二号飞船的成功发射，标志着中国人首次进入自己的空间站。

筑梦苍
神舟十三号飞船
发射时间：2021 年 10 月 16 日发射
发射地点：酒泉卫星发射中心
回收地点：东风着陆场

一个个神舟系列飞船的成功发射，标志着中国载人航天事业的飞速发展。钱学森在 24 岁时写下的《火箭》飞天畅想曲回荡在太空中。

请看下一册

《我们必须征服宇宙 第8册 大师之师》

图书在版编目（CIP）数据

我们必须征服宇宙. 第7册 / 钱永刚主编；顾吉环, 邢海鹰编著；上尚印象绘. -- 北京：电子工业出版社, 2023.9
ISBN 978-7-121-45988-7

Ⅰ. ①我… Ⅱ. ①钱… ②顾… ③邢… ④上… Ⅲ. ①航天－少儿读物 Ⅳ. ①V4-49

中国国家版本馆CIP数据核字（2023）第131833号

责任编辑：季 萌
印　　刷：当纳利（广东）印务有限公司
装　　订：当纳利（广东）印务有限公司
出版发行：电子工业出版社
北京市海淀区万寿路173信箱 邮编：100036
开　　本：889×1194 1/16 印张：36 字数：223.2千字
版　　次：2023年9月第1版
印　　次：2023年9月第1次印刷
定　　价：248.00元（全12册）

凡所购买电子工业出版社图书有缺损问题，请向购买书店调换。若书店售缺，请与本社发行部联系，联系及邮购电话：（010）88254888，88258888。
质量投诉请发邮件至zlts@phei.com.cn，盗版侵权举报请发邮件至dbqq@phei.com.cn。
本书咨询联系方式：（010）88254161转1860，jimeng@phei.com.cn。